BEI GRIN MACHT SICH IHR WISSEN BEZAHLT

- Wir veröffentlichen Ihre Hausarbeit, Bachelor- und Masterarbeit

- Ihr eigenes eBook und Buch - weltweit in allen wichtigen Shops

- Verdienen Sie an jedem Verkauf

Jetzt bei www.GRIN.com hochladen und kostenlos publizieren

Ernst Probst

Eiszeitliche Leoparden in Deutschland

Mit Zeichnungen von Shuhei Tamura

GRIN Verlag

Impressum:

Copyright © 2011 GRIN Verlag, Open Publishing GmbH
Druck und Bindung: Books on Demand GmbH, Norderstedt Germany
ISBN: 978-3-640-92536-0

Dieses Buch bei GRIN:

http://www.grin.com/de/e-book/172572/eiszeitliche-leoparden-in-deutschland

Leopard (Panthera pardus).
Zeichnung von Shuhei Tamura

Ernst Probst

Eiszeitliche Leoparden in Deutschland

*Mit Zeichnungen
von Shuhei Tamura*

Widmung

Shuhei Tamura
aus Kanagawa in Japan gewidmet,
der den Autor
bei zahlreichen Buchprojekten
unterstützt hat

Dank

Für Auskünfte, mancherlei Anregung, Diskussion
und andere Arten der Hilfe danke ich:

Prof. Dr. Helmut Hemmer, Mainz

Dr. Thomas Keller,
Landesamt für Denkmalpflege Hessen,
Archäologische und Paläontologische Denkmalpflege,
Wiesbaden

Professor Dr. Hans-Jürg Kuhn, Göttingen

o. Univ. Prof. Mag. Dr. Gernot Rabeder,
Institut für Paläontologie,Universität Wien

Georg Sack,
Leiter des Heimatmuseums Biebrich, Wiesbaden

Dieter Schreiber,
Dipl.-Geologe,
Staatliches Museum für Naturkunde Karlsruhe

Marion Schütz,
Geschäftsstellenleiterin,
Homo heidelbergensis von Mauer e.V.,
Mauer bei Heidelberg

Shuhei Tamura, Kanagawa, Japan

Inhalt

Ein Zeitgenosse des Leoparden
im Eiszeitalter vor etwa 600.000 Jahren:
der Heidelberg-Mensch.
Zeichnung von Fritz Wendler (1941–1995)
für das Buch „Deutschland in der Steinzeit" (1991)
von Ernst Probst

Leoparden und Urmenschen

Der Leopard war im Eiszeitalter vor etwa 600.000 Jahren im Gebiet von Deutschland ein Zeitgenosse des Heidelberg-Menschen. Dies beweisen Fossilien aus Mauer bei Heidelberg in Baden-Württemberg. Damals existierte der Leopard auch in Niederösterreich, wo er in Hundsheim bei Deutsch-Altenburg nachgewiesen ist. Zahlreicher sind Funde des Panthers aus jüngeren Abschnitten des Eiszeitalters vor etwa 125.000 bis 11.700 Jahren. Aus jener Zeitspanne liegen fossile Reste von Leoparden aus Bayern, Hessen, Thüringen, Sachsen-Anhalt, Brandenburg sowie aus Oberösterreich, der Steiermark und Niederösterreich vor. Demnach kannten auch Neandertaler und frühe Jetztmenschen den Leoparden. Das Taschenbuch „Eiszeitliche Leoparden in Deutschland" des Wiesbadener Wissenschaftsautors Ernst Probst ist Shuhei Tamura aus Kanagawa in Japan gewidmet, der den Autor bei zahlreichen Buchprojekten unterstützt hat.

Paläontologin Gerda Schütt (1931–2007), oben,
Leoparden-Unterkiefer aus Mauer bei Heidelberg, unten

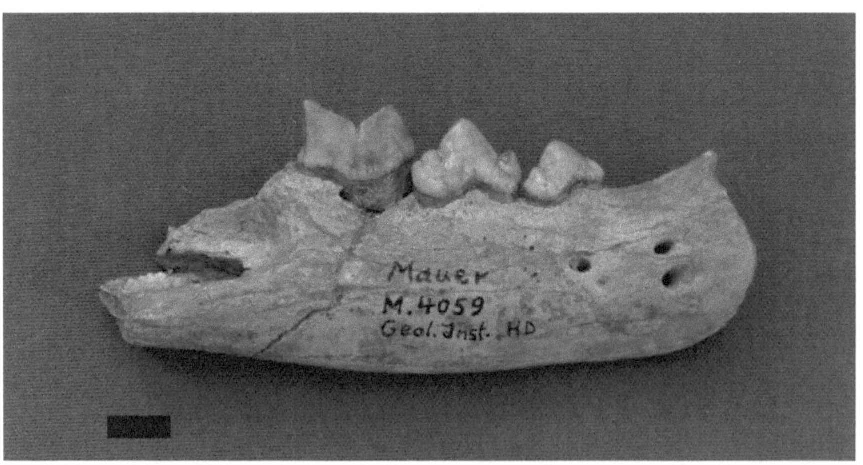

Eiszeitliche Leoparden
in Deutschland

Frühe Leoparden sind in Deutschland durch zwei Funde aus den etwa 600.000 Jahre alten Mauerer Sanden von Mauer bei Heidelberg in Baden-Württemberg belegt. Im Urgeschichtlichen Museum im Rathaus von Mauer liegt der Oberkieferzahn eines Leoparden (*Panthera pardus*). Im Staatlichen Museum für Naturkunde in Karlsruhe befindet sich der Unterkiefer eines Leoparden.

Die in den Mauerer Sanden entdeckten Leopardenreste werden der Unterart *Panthera pardus sickenbergi* zugerechnet. Jene Unterart wurde 1969 von der Paläontologin Gerda Schütt (1931–2007) beschrieben, die sich um die Erforschung von Raubtieren aus dem Eiszeitalter verdient gemacht hat. Der Name dieser Unterart erinnert an den Hannoveraner Geologen Otto Sickenberg (1901–1974).

Ein Zeitgenosse des Leoparden *(Panthera leo sickenbergi)* aus Mauer war der Mosbacher Löwe *(Panthera leo fossilis)*, der seinen populären Namen dem ehemaligen Dorf Mosbach zwischen Wiesbaden und Biebrich in Hessen verdankt. Der riesige Mosbacher Löwe gilt mit einer Gesamtlänge bis zu 3,60 Metern, von denen etwa 1,20 Meter auf den Schwanz entfielen, als der größte Löwe

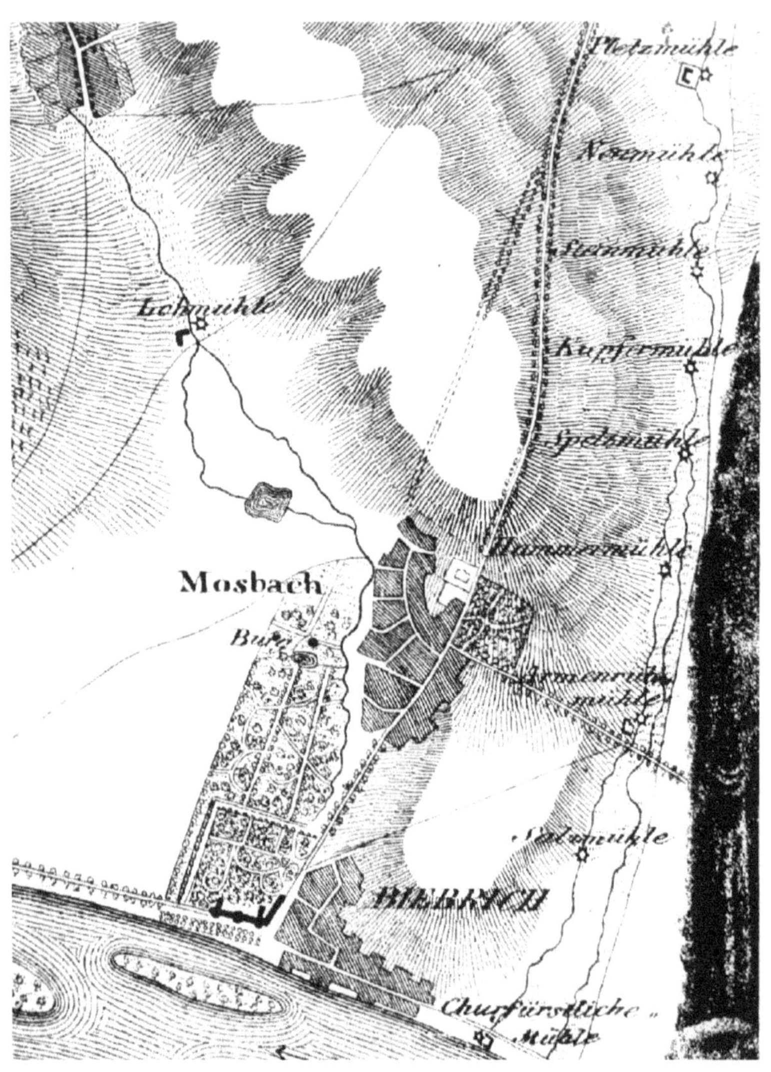

*Dörfer Mosbach und Biebrich
auf einem Plan von 1819*

14

Mosbacher Löwe (Panthera leo fossilis).
Zeichnung von Shuhei Tamura

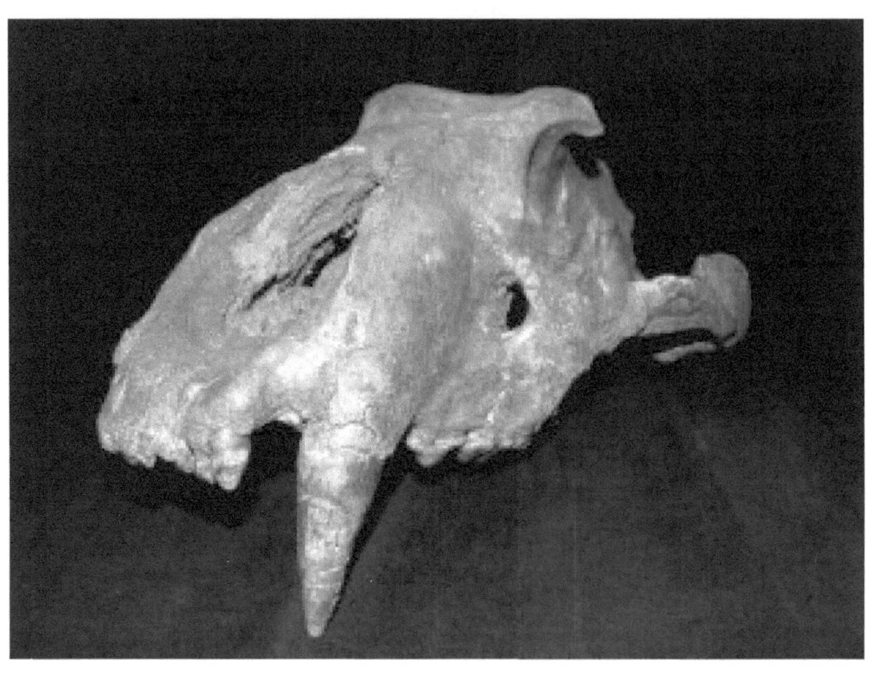

*Etwa 43 Zentimeter langer Oberschädel
eines Mosbacher Löwen (Panthera leo fossilis)
von Mauer bei Heidelberg.
Original im Urgeschichtlichen Museum
der Gemeinde Mauer*

in Europa. Nur der Amerikanische Höhlenlöwe *(Panthera leo atrox)* aus geologisch jüngerer Zeit übertraf ihn mit einer Gesamtlänge bis zu 3,70 Metern noch um rund zehn Zentimeter.

Ein fast kompletter, etwa 43 Zentimeter langer Oberschädel eines Mosbacher Löwen wurde um 1885 in den Mauerer Sanden von Mauer bei Heidelberg entdeckt. Bei diesem Fundort handelte es sich um die Sandgrube Grafenrain, wo am 21. Oktober 1907 der Unterkiefer des Heidelberg-Menschen (*Homo erectus heidelbergensis* bzw. *Homo heidelbergensis*) zum Vorschein kam. Dieser Frühmensch gilt mit einem geologischen Alter von etwa 630.000 Jahren als der älteste bekannte Mitteleuropäer. Der Unterkiefer des Heidelberg-Menschen wird im Geologisch-Paläontologischen Institut der Universität Heidelberg aufbewahrt. Dort lag früher auch der Löwen-Oberschädel aus Mauer, bevor er 1982 anlässlich der 75. Wiederkehr der Entdeckung des Heidelberg-Menschen dem Urgeschichtlichen Museum der Gemeinde Mauer als Dauerleihgabe überlassen wurde.

Vermutlich lebten im Cromer, einem Abschnitt des Eiszeitalters vor etwa 800.000 bis 480.000 Jahren, auch in anderen Gegenden von Deutschland prächtige Leoparden der Unterart *Panthera pardus sickenbergi*. Denn sicherlich haben solche Raubkatzen nicht nur am Ufer des eiszeitlichen Neckars gejagt, auch wenn bisher nur von dort fossile Reste vorliegen.

Ein potentieller Fundort für eiszeitliche Leoparden sind die Mosbach-Sande von Wiesbaden. In diesen Ablagerungen des Mains, der einst viel weiter nördlich

Mosbacher Löwe (Panthera leo fossilis), links unten.
Auschnitt aus einem Gemälde von Fritz Wendler (1941–1995)
für das Buch „Deutschland in der Urzeit“ (1986)
von Ernst Probst

Gepard (Acinonyx pardinensis), rechts.
Auschnitt aus einem Gemälde von Fritz Wendler (1941–1995)
für das Buch „Deutschland in der Urzeit" (1986)
von Ernst Probst

*Mosbach-Sande von Wiesbaden
auf einem Foto von 2008*

als heute in den Rhein mündete, des Rheins und von Taunusbächen wurden bereits Knochen und Zähne anderer Raubkatzen entdeckt, die vor etwa 600.000 Jahren existierten. Nämlich riesige Mosbacher Löwen *(Panthera leo fossilis)*, Europäische Jaguare *(Panthera onca gombaszoegensis)*, Geparde *(Acinonyx pardinensis)* und Säbelzahnkatzen *(Homotherium crenatidens)*.

Ein ähnlich hohes geologisches Alter wie der Leopard von Mauer bei Heidelberg in Südwestdeutschland hat der Panther, der in einer Spaltenfüllung von Hundsheim bei Deutsch-Altenburg in Österreich nachgewiesen wurde. An dieser berühmten Fundstelle in Niederösterreich kamen auch Fossilien vom Gepard *(Acinonyx intermedius)* und von der Säbelzahnkatze *(Homotherium moravicum)* ans Tageslicht.

Wie der Mosbacher Löwe *(Panthera leo fossilis)*, der Europäische Höhlenlöwe *(Panthera leo spelaea)*, der Ostsibirische Höhlenlöwe bzw. Beringia-Höhlenlöwe *(Panthera leo vereshchagini)* und der Amerikanische Höhlenlöwe *(Panthera leo atrox)* gehört der Leopard *(Panthera pardus)* zur Gattung *Panthera*. Genetischen Untersuchungen zufolge sind der Jaguar und der Löwe die nächsten Verwandten des Leoparden. Die Jaguarlinie spaltete sich vor rund 1,9 Millionen Jahren von Löwe und Leopard ab, die sich erst vor etwa 1,25 bis 1 Millionen Jahren voneinander trennten.

In Deutschland und Österreich sind etliche Reste von Leoparden aus dem Oberpleistozän (etwa 125.000 bis 11.700 Jahre) entdeckt worden. Ein Leopardenkiefer von Geinshein in Hessen wird ins Oberpleistozän datiert.

Säbelzahnkatze (Homotherium crenatidens).
Zeichnung von Shuhei Tamura

Europäischer Jaguar (Panthera onca gombaszoegensis).
Zeichnung von Shuhei Tamura

Gepard (Acinonyx pardinensis).
Zeichnung von Shuhei Tamura

Wiener Paläontologe Gernot Rabeder

Aus der Eem-Warmzeit (etwa 125.000 bis 115.000 Jahre) könnte der in der Petershöhle bei Velden (Bayern) nachgewiesene Leopard stammen. Der norddeutschen Weichsel-Eiszeit bzw. der süddeutschen Würm-Eiszeit (etwa 115.000 bis 11.700 Jahre) werden Reste von Leoparden aus der Zoolithenhöhle von Burggaillenreuth (Bayern), der ehemaligen Höhle „Teufelsbrücke" bei Saalfeld (Thüringen), der Baumannshöhle bei Rübeland (Sachsen-Anhalt) und von Niederlehme (Brandenburg) zugerechnet. Das Fragment eines Oberarmknochens von Niederlehme bei Königs Wusterhausen unweit von Berlin gilt als bisher nördlichster Fund des Leoparden in Mitteleuropa.

Funde von Leoparden sind in Deutschland merklich seltener geborgen worden als solche von Europäischen Höhlenlöwen *(Panthera leo spelaea)*, die im Eiszeitalter vor etwa 300.000 bis 11.700 Jahren vorkamen. Der Wiesbadener Autor Ernst Probst erwähnt in seinem Taschenbuch „Höhlenlöwen" (2009) rund 100 Fundorte solcher Löwen in Baden-Württemberg, Bayern, Rheinland-Pfalz, Hessen, Nordrhein-Westfalen, Niedersachsen, Thüringen, Sachsen-Anhalt, Sachsen und Brandenburg.

2002 gelang dem Wiener Paläontologen Gernot Rabeder der erste Nachweis eines eiszeitlichen Leoparden im Hochgebirge der Ostalpen. Bei einer Grabung in der Ochsenhalthöhle in etwa 1650 Meter Höhe im Toten Gebirge (Oberösterreich) entdeckte er außer zahlreichen Resten von Höhlenbären den Reißzahn eines Leoparden aus der Würm-Eiszeit vor etwa 35.000 Jahren. Vermutlich hat dieser Leopard von Bäumen aus auf

Höhlenlöwe (Panthera leo spelaea).
Zeichnung von Shuhei Tamura

junge oder auf alte und kranke Bären gelauert. Vielleicht ist der Raubkatze ein Besuch in der Ochsenhalthöhle zum Verhängnis geworden, weil sie dort wohnende Höhlenbären zerrissen.

In der Publikation „Pliozäne und pleistozäne Faunen Österreichs. Ein Katalog der wichtigsten Fundstellen und ihrer Faunen" (1997), herausgegeben von Doris Döppes und Gernot Rabeder, werden etliche Leopardenfunde aus Österreich erwähnt:

Hundsheimer Spaltenfüllung bei Hundsheim in der Gegend von Deutsch-Altenburg (Niederösterreich)
Merkensteinhöhle bei Gainfarn im südlichen Wienerwald (Niederösterreich)
Fünffenstergrotte am Kugelstein im mittleren Murtal im Grazer Bergland (Steiermark)
Große Peggauer Wandhöhle bei Peggau im Grazer Bergland (Steiermark)
Repolusthöhle im Badlgraben, einem Seitental des Murtales (Steiermark)
Tropfsteinhöhle am Kugelstein bei Deutschfeistritz (Steiermark)

Heutige Leoparden verfügen über einen ungewöhnlich guten Gehörsinn. Sie können für Menschen nicht mehr hörbare Frequenzen bis zu 45.000 Hertz wahrnehmen. Ihre Augen sind nach vorn gerichtet und weisen eine breite Überschneidung der Sehfelder auf, was ihnen ein ausgezeichnetes räumliches Sehen ermöglicht. Bei Tageslicht verfügt der Leopard über ein Sehvermögen wie ein Mensch, doch in der Nacht über ein fünf- bis

Heutiger Leopard (Panthera pardus) in seinem Versteck.
Das Foto wurde von Jochen Zapfe aus Berlin
im Okavango-Delta in Botswana aufgenommen.

sechsfach besseres Sehvermögen. Auch der Geruchssinn
ist hervoragend ausgeprägt.

Jetzige Leoparden fressen Käfer, Reptilien, Vögel und
Säugetiere (meistens mittelgroße Huftiere). Als
Jagdmethoden praktizieren sie die Anschleichjagd oder
die passive Lauerjagd. Sie können bis zu 60 Stun-
denkilometer schnell sprinten und mit wenigen Sätzen
etliche Meter weit springen, doch schon auf mittleren
Distanzen sind ihre meisten Beutetiere schneller.
Leoparden versuchen deswegen, unbemerkt so nahe wie
möglich an ihr Opfer heranzuschleichen, um die Distanz
vor dem Angriff zu verkürzen. Auf Bäume sitzende
Leoparden lassen geduldig Beutetiere unter sich vor-
beiziehen, bis ein geeigneter Moment für einen Angriff
eintritt. Meistens klettern sie dann vorsichtig an der für
das auserwählte Opfer nicht sichtbaren Seite des
Baumstammes herab oder springen – wenn der Baum
nicht zu hoch ist – direkt von oben auf die Beute.
Mitunter vertreiben sie auch schwächere Raubtiere –
wie Geparde – von ihrer Beute oder begnügen sich mit
Aas.

Im Normalfall gehen Leoparden dem Menschen aus
dem Weg, was wohl auch im Eiszeitalter der Fall gewesen
sein könnte. Von 1918 bis 1926 gelangte aber der so
genannte Leopard von Rudrapraya in Indien zu trauriger
Berühmtheit, als er angeblich insgesamt 125 Menschen
tötete, bevor ihn der Großwildjäger Jim Corbett erlegte.
1924 tötete ein anderer Leopard in Punani auf Sri Lanka
(früher Ceylon) insgesamt ein Dutzend Menschen.

Wissenschaftsautor Ernst Probst

Der Autor

Ernst Probst, geboren am 20. Januar 1946 in Neunburg vorm Wald im bayerischen Regierungsbezirk Oberpfalz, ist Journalist und Wissenschaftsautor. Er arbeitete von 1968 bis 1971 als Redakteur bei den „Nürnberger Nachrichten", von 1971 bis 1973 in der Zentralredaktion des „Ring Nordbayerischer Tageszeitungen" in Bayreuth und von 1973 bis 2001 bei der „Allgemeinen Zeitung", Mainz. In seiner Freizeit schrieb er Artikel für die „Frankfurter Allgemeine Zeitung", „Süddeutsche Zeitung", „Die Welt", „Frankfurter Rundschau", „Neue Zürcher Zeitung", „Tages-Anzeiger", Zürich, „Salzburger Nachrichten", „Die Zeit", „Rheinischer Merkur", „Deutsches Allgemeines Sonntagsblatt", „bild der wissenschaft", „kosmos", „Deutsche Presse-Agentur" (dpa), „Associated Press" (AP) und den „Deutschen Forschungsdienst" (df). Aus seiner Feder stammen die Bücher „Deutschland in der Urzeit" (1986), „Deutschland in der Steinzeit" (1991), „Rekorde der Urzeit" (1992), „Dinosaurier in Deutschland" (1993 zusammen mit Raymund Windolf) und „Deutschland in der Bronzezeit" (1996). Von 2001 bis 2006 betätigte sich Ernst Probst als Buchverleger sowie zeitweise als internationaler Fossilienhändler und Antiquitätenhändler. Insgesamt veröffentlichte er mehr als 100 Bücher, Taschenbücher, Broschüren, Museumsführer und E-Books.

Literatur

BRÜNING, Herbert: Die eiszeitliche Tierwelt im
Rhein-Main-Gebiet, Mosbacher Sande.
Museumsführer Nr. 4, Naturhistorisches Museum
Mainz, 1972
BRÜNING, Herbert: Vom Eiszeitalter im Mainzer
Becken. Museumführer Nr. 3, Naturhistorisches
Museum Mainz, 1973
BRÜNING, Herbert: Die eiszeitliche Tierwelt von
Mosbach. Ihre Umwelt – ihre Zeit. Museumsführer
Nr. 6, Rheinische Naturforschende Gesellschaft zu
Mainz in Verbindung mit dem Naturhistorischen
Museum Mainz, 1980
COX, Barry / DIXON, Dougal / GARDINER,
Brian / SAVAGE, R. J. G.: Dinosaurier und andere
Tiere der Vorzeit, München 1989
DÖPPES, Doris / RABEDER, Gernot: Pliozäne
und pleistozäne Faunen Österreichs. Ein Katalog
der wichtigsten Fundstellen und ihrer Faunen
(Endbericht des Forschungsberichtes Nr. 9320
des „Fonds zur Förderung der wissenschaftlichen
Forschung") mit Beiträgen von Petra Cech, Doris
Döppes, Thomas Einwögerer, Florian A. Fladerer,
Christa Frank, Karl Mais, Doris Nagel, Marion
Niederhuber, Martina Pacher, Rudolf Pavuza,

Gernot Rabeder, Christian Reisinger, Harald Temmel, Gerhard Withalm. Mitteilungen der Kommission für Quartärforschung der Österreichischen Akademie der Wissenschaften, Band 10, Wien 1997

FABER, Rolf: Moskebach – Biebrich-Mosbach 991–1971. Chronik von Dr. Rolf Faber im Auftrag des Verschönerungs- und Verkehrsvereins Biebrich am Rhein e. V., Wiesbaden-Biebrich 1991

FISCHER, Karlheinz: Ein Leoparden-Fund, *Panthera pardus* (L., 1758), aus dem jungpleistozänen Rixdorfer Horizont von Berlin und die Verbreitung des Leoparden im Pleistozän Europas. Mitteilungen aus dem Museum für Naturkunde in Berlin, Geowiss. Reihe 3, S. 211–227, Berlin 2000

HEMMER, Helmut: Untersuchungen zur Stammesgeschichte der Pantherkatzen (Pantherinae), Teil III. Zur Artgeschichte des Löwen *Panthera (Panthera) leo* (Linnaeus 1758). Veröffentlichungen der Zoologischen Staatssammlung München, Band 17, S. 167–280, München 1974

HEMMER, Helmut: Pleistozäne Katzen Europas – eine Übersicht. Cranium, Amsterdam 2004

HEMMER, Helmut / KAHLKE, Ralf-Dietrich / KELLER, Thomas: *Panthera onca gombaszoegensis* aus den frühmittelpleistozänen Mosbach-Sanden (Wiesbaden, Hessen, Deutschland). Ein Beitrag zur Kenntnis der Variabilität und Verbreitungsgeschichte des Jaguars. Neues Jahrbuch für Geologie und

Paläontologie, Abhandlungen, 229 (1), S. 31–60,
Stuttgart 2003

HEMMER, Helmut / KAHLKE, Ralf-Dietrich /
VEKUA, Abesalom K.: The Jaguar – *Panthera onca
gombaszoegensis* (KRETZOI, 1938) (Carnivora: Felidae)
in the late Lower Pleistocene of Akhalkalaki (South
Georgia; Transcaucasia) and its evolutionary and
ecological significance. Géobios, 34 (4), S. 475–486,
Villeurbanne 2001

HEMMER, Helmut / KAHLKE, Ralf-Dietrich:
Nachweis des Jaguars (*Panthera onca gombaszoegensis*) aus
dem späten Unter- oder frühen Mittelpleistozän der
Niederlande. Deinsea, Annual oft the Natural History
Museum Rotterdam, S. 47–57, Rotterdam 2005

HEMMER, Helmut / KAHLKE, Ralf-Dietrich /
KELLER, Thomas: Geparde im Mittelpleistozän
Europas: *Acinonyx pardinensis* (sensu lato) *intermedius*
(Thenius, 1954) aus den Mosbach-Sanden
(Wiesbaden, Hessen, Deutschland). Neues
Jahrbuch für Geologie und Paläontologie,
Abhandlungen, 249 (3), S. 345–356, Stuttgart 2008

HEMMER, Helmut / SCHÜTT, Gerda: Ein
Gepardenfund aus den Mosbacher Sanden (Altpleistozän, Wiesbaden). Mainzer Naturwissenschaftliches Archiv, 9, S. 118–131, Mainz 1970

KELLER, Thomas: Die eiszeitlichen Mosbach-Sande
bei Wiesbaden. Paläontologische Denkmäler in
Hessen 3, Wiesbaden 1994

KOENIGSWALD, Wighart von: Lebendige Eiszeit, Stuttgart 2002

KOENIGSWALD, Wighart von / NAGEL, Doris / MENGER, Frank: Ein jungpleistozäner Leopardenkiefer von Geinsheim (nördliche Oberrheinebene, Deutschland) und die stratigraphische und ökologische Verbreitung von *Panthera pardus*. Neues Jahrbuch für Geologie und Paläontologie, Monatshefte (5), S. 177–297, Stuttgart 2006

NAGEL, Doris: *Panthera pardus* und *Panthera spelaea* (Felidae) aus der Höhle von Merkenstein/ Niederösterreich. Wissenschaftliche Mitteilungen des Niederösterreichischen Landesmuseums, 10, S. 215–224, St. Pölten

PROBST, Ernst: Deutschland in der Urzeit, München 1986

PROBST, Ernst: Deutschland in der Steinzeit, München 1991

PROBST, Ernst: Rekorde der Urzeit, München 2008

PROBST, Ernst: Rekorde der Urmenschen, München 2008

PROBST, Ernst: Säbelzahnkatzen, München 2009

PROBST, Ernst: Der Europäische Jaguar, München 2011

PROBST, Ernst: Die Säbelzahnkatze *Homotherium*, München 2011

PROBST, Ernst: Eiszeitliche Geparde in Deutschland, München 2011

RABEDER, Gernot: Der Panther vom Steinfeld. Die
neuesten Ergebnisse der Grabung in der Ochsen-
halthöhle. Unser Weißenbach 4, 15, Weißenbach bei
Liezen 2003
REICHENAU, Wilhelm von: Beiträge zur näheren
Kenntnis der Carnivoren aus den Sanden von Mauer
und Mosbach. Abhandlungen der Großherzoglichen
Hessischen Geologischen Landesanstalt zu
Darmstadt, Band IV, Heft 2, S. 189–313, Darmstadt
1906
SANDER, Anne: Ein Jaguar-Neufund aus den
mittelpleistozänen Mosbach-Sanden. Hessen
Archäologie 2003, herausgegeben von der
Archäologischen und Paläontologischen Denkmal-
pflege des Landesamtes für Denkmalpflege Hessen,
S. 17–19, Wiesbaden 2003
SCHMIDTGEN, Otto: *Felis pardus* spec. L. aus dem
Mosbacher Sand. Sonderdruck aus „Jahrbücher des
Nassauischen Vereins für Naturkunde", Jahrgang 74,
S. 51–58, München und Wiesbaden 1922
SCHÜTT, Gerda: *Panthera pardus sickenbergi* n. subsp.
aus den Mauerer Sanden. Neues Jahrbuch für
Geologie und Paläontologie, Monatsheft, S. 299–310,
Stuttgart 1969
SCHÜTT, Gerda: Ein Gepardenfund aus den
Mosbacher Sanden (Altpleistozän, Wiesbaden).
Mainzer naturwissenschaftliches Archiv, 9, S. 118–
131, Mainz 1970

THENIUS, Ernst: Gepardreste aus dem Altquartär von Hundsheim in Niederöstereich. Neues Jahrbuch für Geologie und Paläontologie, Monatshefte, S. 225–238, Stuttgart 1953
TURNER, Alan / ANTÓN, Mauricio: The Big Cats and their fossil relatives. New York 1997
WIKIPEDIA Freie Enzyklopädie
http://wikipedia.org

Bildquellen

Klaus Benz, Fotograf, Mainz-Laubenheim: 30
Homo heidelbergensis von Mauer e. V. , Mauer bei
Heidelberg: 16
Professor Dr. Hansjürg Kuhn, Göttingen: 12 oben
Landesamt für Denkmalpflege Hessen, Abteilung
Archäologie und Paläontologie, Schloss Biebrich,
Wiesbaden: 20
Pixelio, Bilderdatenbank für lizenzfreie Fotos,
http://www.pixelio.de
Pixelio-Mitglied Jochen Zapfe, Berlin: 28
o. Univ. Professor Dr. Gernot Rabeder, Institut für
Paläontologie Universität Wien (Foto: Rudolf Gold):
24
Reproduktion aus: PROBST, Ernst: Deutschland in
der Steinzeit, München 1991: Zeichnung von Fritz
Wendler (1941–1995): 10
Reproduktionen aus: PROBST, Ernst: Deutschland in
der Urzeit, München 1986: Gemälde von Fritz
Wendler (1941–1995): 18, 19
Staatliches Museum für Naturkunde Karlsruhe:
12 unten
Shuhei Tamura, Kanagawa, Japan: 1, 15, 22, 23 oben,
23 unten, 26
Verschönerungs- und Verkehrsverein Biebrich am
Rhein e. V. / Heimatmuseum Biebrich: 14

Bücher von Ernst Probst

Affenmenschen
Von Bigfoot bis zum Yeti

Als Mainz noch nicht am Rhein lag.
Der Ur-Rhein vor zehn Millionen Jahren

Annie Oakley. Die Meisterschützin
des Wilden Westens

Archaeopteryx
Der Urvogel aus Bayern

Christl-Marie Schultes. Die erste Fliegerin in Bayern
(zusammen mit Theo Lederer)

Cortés und Malinche. Der spanische Eroberer
und seine indianische Geliebte

Das Dinotherium-Museum Eppelsheim
Führer durch die Ausstellung
(zusammen mit Dr. Jens Lorenz Franzen
und Heiner Roos)

Der Europäische Jaguar

Die Lüneburger Gruppe in der Bronzezeit

Die Stader Gruppe in der Bronzezeit

Die Urnenfelder-Kultur

Die Lausitzer Kultur

Dinosaurier in Deutschland. Vom *Efraasia*
bis zu *Sellosaurus*

Dinosaurier von A bis K. Von *Abelisaurus*
bis zu *Kritosaurus*

Dinosaurier von L bis Z. Von *Labocania*
bis zu *Zupaysaurus*

Eiszeitliche Geparde in Deutschland

Eiszeitliche Leoparden in Deutschland

Elisabeth I. Tudor. Die „jungfräuliche Königin"

Frauen im Weltall

Hildegard von Bingen. Die deutsche Prophetin

Höhlenlöwen
Raubkatzen im Eiszeitalter

Meine Worte sind wie die Sterne
Die Entstehung der Rede des Häuptlings Seattle
(zusammen mit Sonja Probst)

Monstern auf der Spur
Wie die Sagen über Drachen, Riesen
und Einhörner entstanden

Raub-Dinosaurier von A bis Z.
Mit Zeichnungen von Dmitry Bogdanav
und Nobu Tamura

Rekorde der Urmenschen
Erfindungen, Kunst und Religion

Rekorde der Urzeit
Landschaften, Pflanzen und Tiere

Säbelzahnkatzen. Von *Machairodus*
bis zu *Smilodon*

Säbelzahntiger am Ur-Rhein. *Machairodus*
und *Paramachairodus*

Seeungeheuer
Von Nessie bis zum Zuiyo-maru-Monster

Superfrauen aus dem Wilden Westen

Superfrauen 1 – Geschichte

Superfrauen 2 – Religion

Superfrauen 3 – Politik

Superfrauen 4 – Wirtschaft und Verkehr

Superfrauen 5 – Wissenschaft

Superfrauen 6 – Medizin

Superfrauen 7 – Film und Theater

Superfrauen 8 – Literatur

Superfrauen 9 – Malerei und Fotografie

Superfrauen 10 – Musik und Tanz

Superfrauen 11 – Feminismus und Familie

Superfrauen 12 – Sport

Superfrauen 13 – Mode und Kosmetik

Superfrauen 14 – Medien und Astrologie

Bestellungen bei: http://www.grin.com